Rechnen mit Köpfchen

Kinesiologie

tosa-Lernförderung

tosa

Illustrationen: Tatjana Krebs
Texte: Anke Weber

Gesamtherstellung: Der Graph, Wien
Printed in Italy

Vorwort: Liebe Eltern!

Die Reihe ***Lernen mit Köpfchen*** beruht auf Erkenntnissen der Kinesiologie - einer Methode, die mit Bewegungsübungen beim Lernen hilft.

Vor der Schule wollen Kinder alles erforschen. Lernen ist ein großer Spaß. Doch plötzlich wird Lernen langweilig. Warum ist das so?

In der Schule wird viel von Ihren Kindern verlangt. Auf einmal müssen sie stillsitzen und viele abstrakte Dinge lernen. Das fällt vielen Kindern schwer.

Lesen Sie Spookys Geschichte zusammen mit Ihren Kindern . Unser Kobold Spooky verrät Ihren Kindern einfache Bewegungsübungen aus der Kinesiologie, mit denen Lernen leichter geht.

In der „Kurzeinführung in die Kinesiologie“ auf den Seiten 41 bis 48 erfahren Sie die wesentlichen Grundlagen der Kinesiologie und Wichtiges über „Lernen mit Köpfchen“. Sie finden eine Übersicht über Spookys Auswahl an kinesiologischen Übungen sowie ihre praktische Anwendung alphabetisch angeführt.

Üben Sie diese Übungen mit Ihren Kindern. Für einen Erfolg ist es wichtig, dass sie regelmäßig gemacht werden.

In der Reihe ***Lernen mit Köpfchen*** gibt es drei Bände:

Sie halten den zweiten Band in Händen:
Rechnen mit Köpfchen
für Kinder ab dem 7. Lebensjahr.

Hier finden Sie weitere kinesiologische Übungen, die helfen können leichter zu rechnen, außerdem gibt es während einer Rätselrallye ein paar lustige Rechen-Rätsel zu lösen. Auch ältere Kinder können mitrechnen, denn es stehen auch Aufgaben für acht- und neunjährige Kinder zur Auswahl.

Es gibt noch zwei weitere Bände:

Lesen und Schreiben mit Köpfchen
für Kinder ab dem 6. Lebensjahr.
Vielen Kindern fällt Lesen und Schreiben schwer. Um leicht Lesen und Schreiben zu lernen, ist es wichtig, seinen Kopf richtig zu benutzen. Spooky zeigt Ihnen und Ihren Kindern, wie.
Besser Deutsch mit Köpfchen
ist ein Übungsbuch für Kinder ab dem 7. Lebensjahr.
Es trainiert Lesen und Schreiben für Grundschulkinder mithilfe der Kinesiologie. Das Buch bietet lustige und einfache Übungen, die spielerisch zum ganzheitlichen Lernen anregen.

Liebe Kinder!

Lernen mit Köpfchen hilft euch leichter zu lernen.

Kennt nicht jeder von uns dieses Gefühl, auf der Leitung zu stehen?
Wir wollen etwas lernen, aber unser Kopf will einfach nicht so wie wir.

Manchmal liegt das einfach nur daran, dass wir unseren Kopf nicht richtig benutzen. Wir gehen in die Schule, lassen aber die Gebrauchsanweisung für unseren Kopf zu Hause.

Wir können uns nicht konzentrieren und merken uns nichts, dabei ist Lernen ganz einfach. Man muss nur wissen, wie es geht.

Unser Kobold Spooky weiß da ein paar Bewegungsübungen, mit denen Lernen viel leichter geht und viel Spaß machen kann.

Wollt ihr Spooky kennen lernen? Dann lest die Geschichte!

Was ist los, wenn nichts mehr funktioniert?

Hast du oft das Gefühl, als ob kleine Männchen in deinem Kopf säßen, die alle etwas anderes wollen?

Erkennst du dich in einem der sechs Männchen wieder?

Herr Links
ist ein scharfer Denker. Er sieht ganz genau auf Einzelheiten und nimmt alles ganz genau wahr. Alles muss er bis ins letzte Detail planen. Leider verliert er dabei oft den Überblick.

Es fällt ihm schwer, Zusammenhänge herzustellen, weil er sich die Dinge oft nicht vorstellen kann:
Dazu braucht er Herrn Rechts.

Herr Rechts
ist ein Künstler. Er denkt in Bildern. Er nimmt seine Umwelt als Gesamtheit wahr. Um etwas zu verstehen, malt er sich von allem ein Bild. Dabei geht er intuitiv und spontan vor.
Scharfes Denken ist nicht seine Stärke, daher versinkt er oft im Chaos. Wenn ihm Herr Links nicht hilft, weiß er oft nicht, wo die Dinge sind.

Herr „Konzentriert“
ist immer ganz aufmerksam. Er geht an alles ganz nahe heran und ist hellwach, dabei verliert er sich aber oft im Detail. Bei ihm regiert die Vernunft.

Er sieht den Wald vor lauter Bäumen nicht und kann nur schwer abschalten. Dazu fehlt ihm die Hilfe von Herrn „Verträumt“.

Herr „Verträumt“
ist genau das Gegenteil von Herrn „Konzentriert“. Er ist meist mit seinen Gedanken woanders und abwesend. Er lebt in der Vergangenheit und handelt automatisch. Die Dinge gleiten an ihm vorbei. Lange bringt ihn nichts aus der Ruhe. Aber wenn ihm irgendetwas Stress verursacht, kann er auf einmal ganz zappelig werden.

Herr „Schlau“
ist ein kleiner Professor. Bei ihm regiert immer der Kopf. Deswegen erscheint er manchmal sehr altklug. Da er mit seiner Gefühlswelt nicht zurechtkommt, steht er oft nicht mit beiden Beinen im Leben. Um wirklich zufrieden zu sein, müsste er auch seine Gefühle zu Rate ziehen.

Herr „Gefühl“
ist dagegen schwerfällig und langsam. Daher steht er oft abseits. Fast wie ein Mauerblümchen. Er ist unflexibel, und manchmal wackelt er unruhig auf seinem Stuhl herum, um den Halt nicht zu verlieren. Er ist in seinen Entscheidungen unsicher, weil er die Unterstützung des Kopfes nicht erhält.

Wenn du dich in einem dieser Männchen wiedererkennst, dann lies die Geschichte.

Mach mit und verlier nicht die Geduld beim Lernen.

Alexanders Geburtstagsfest

Es war ein warmer Nachmittag Ende September.

Alexanders Eltern hatten eine Party für ihren Sohn organisiert.

Er war im April neun Jahre alt geworden, aber zu diesem Zeitpunkt steckte die Familie gerade mitten im Umzug und hatte zu viel Arbeit mit dem neuen Haus. Damals hatte niemand wirklich Zeit für eine Party.

Außerdem gab es noch einen zweiten Grund zum Feiern: Nachdem er lange auf der Kippe gestanden hatte, konnte Alexander im vergangenen Schuljahr doch noch die Versetzung in die vierte Klasse der Grundschule schaffen.

In den letzten paar Wochen des Schuljahres schien ihm das Lernen viel mehr Spaß zu machen ...

Vor allem Lesen und Schreiben fielen ihm viel leichter als früher. Doch auch bei seinen Rechenaufgaben konnte Alexander sich jetzt viel besser konzentrieren.

Rechnen war mittlerweile sogar fast schon sein Hobby geworden.

Als Belohnung hatten sich Alexanders Eltern etwas Besonderes ausgedacht: Da ihr Sohn keine Angst mehr vorm Rechnen hatte, hatten sie einen Rechenwettbewerb organisiert. Alexander hatte seine Freunde Michael und Anna sowie Paul, Fritzi und Max eingeladen.

Nina, Alexanders siebenjährige Schwester, die gerade in die zweite Klasse gekommen war, hatte ihre Freundin Paula aus ihrer Klasse und Andreas und Jim, zwei Jungen aus der dritten Klasse, eingeladen.

Insgesamt waren sie zu zehnt.

Um drei Uhr am Nachmittag trafen die ersten Kinder im Garten ein und wurden mit Saft und Negerküssen begrüßt.

Doch die richtige Bombe sollte erst platzen.

Als alle Kinder vergnügt im Garten zusammensaßen, lüfteten die Eltern ihre Überraschung:
Sie hatten eine Rätselrallye im Wald hinterm Haus vorbereitet und den Sieger erwartete eine Riesenüberraschung ...

Alexander war begeistert. Bis zum letzten Moment hatte er nicht gewusst, was die Eltern für seine Fete geplant hatten.

Doch nicht alle Kinder teilten seine Begeisterung. Manche waren enttäuscht, sie hätten lieber Verstecken oder Topfschlagen gespielt.

Alexander aber ließ sich den Spaß nicht verderben. Er ermutigte seine Freunde.

Noch vor ein paar Monaten hätte auch ihn nichts in der Welt für Rechenaufgaben begeistern können.

Aber das war schlagartig anders geworden.

Er erinnerte sich an Ninas und seine erste Begegnung mit Spooky.

Spooky war ein dreihundert Jahre alter Kobold, der im älteren Teil ihres Hauses auf riesigen Bücherbergen hauste.

Spooky war eine Leseratte und hatte ihm und seiner Schwester Nina ein paar Kniffe gezeigt, wie Lesen viel leichter ging.

„Soll ich den anderen von ihm erzählen?“, überlegte er. „Aber nein, das soll unser Geheimnis bleiben. Aber helfen will ich ihnen schon.“ Und deshalb begann Alexander den anderen Kindern zu erzählen, was er vom Aufbau des menschlichen Gehirns wusste.

Sein Redefluss wurde von lautem Gelächter unterbrochen.

„Unser Gehirn soll aus zwei Teilen bestehen, du spinnst ja“, kreischte

Paul, zeigte mit dem Finger auf Alexander und bog sich vor Lachen.

„Hör auf zu lachen, du Blödmann!“ Die kleine Nina war richtig wütend.

Sie wollte ihren Bruder verteidigen, denn sie wusste ja, dass Alexander Recht hatte: „Du hast es nötig, schließlich bist du sitzengeblieben und Alex hat die Versetzung geschafft. Und warum glaubst du wohl?“

Da verstummten die anderen Kinder und dachten daran, dass Alexander in den letzten Wochen immer vergnügt in die Schule gekommen war und alle Aufgaben gemacht hatte, während er früher nie etwas gewusst hatte.

Paul und zwei seiner Freunde, Fritzi und Max, drehten Alexander und Nina den Rücken zu. Sie begannen im Garten herumzutoben und zu raufen.

„Vielleicht war da doch etwas dran?“, dachten Anna, Michael und die kleineren Kinder. Sie waren neugierig geworden. „Erzähl weiter!“, bat Paula, Ninas Freundin, Alexander.

„Wenn man Angst hat oder gestresst ist, dann fließt die Energie im Körper nicht mehr frei und man kann sich nicht mehr konzentrieren.“

Die Kinder hörten gespannt zu. Alexander erzählte den anderen Kindern, dass jeder Mensch zwei Gehirnhälften besitzt, eine, die ganz logisch arbeitet und alle Einzelheiten wahrnimmt, und eine, die sich immer zu allem ein Bild macht.

In den Sand im Sandkasten malte er eine Skizze von den beiden Gehirnhälften.

„Stellt euch zwei Männchen vor, die in jeder Gehirnhälfte sitzen und ganz verschieden sind. Nur wenn diese beiden an einem Strang ziehen und zusammenarbeiten, könnt ihr Zusammenhänge verstehen und euch Dinge merken“,
erklärte Alexander seinen Freunden.

„Dieses ewige Auswendiglernen in der Schule habe ich nie leiden können, weil es immer so ein langweiliger Kram war. Es gab viel interessantere Dinge und die konnte ich mir auch merken.

Aber wenn ich in der Schule etwas lernen sollte, hat mein Gehirn einfach nicht funktioniert.

Jetzt weiß ich, warum das so war. Man muss nur sein Gehirn ein bisschen in Schwung bringen, dann funktioniert es auch dann, wenn man so langweiliges Zeug lernen muss.

Dafür gibt es
Super-Übungen, mit denen wir unser Gehirn anregen können. Seitdem ich die mache, kann ich viel leichter lernen. Außerdem schicken beide Gehirn-

hälften über Nervenbahnen Signale zu allen Körperteilen, und zwar die linke Gehirnhälfte in die rechte Körperhälfte und die rechte Gehirnhälfte in die linke Körperhälfte.

Und manchmal funktioniert diese Verbindung nicht mehr. Das ist wie bei einer Stromunterbrechung oder einem Kurzschluss. Nichts geht mehr.

Immer dann, wenn mir das passiert ist, hatte ich zu nichts mehr Lust und konnte mir gar nichts mehr merken.

Als wenn jemand auf meinen Leitungen stünde ...

Aber die Übungen, die ich jetzt seit ein paar Monaten mache, haben mich auf Zack gebracht!"
Die Kinder waren ganz aufgeregt: „Zeig uns doch ein paar von deinen Übungen!"

Auch Paul und seine beiden Freunde hatten mittlerweile die Lust am Raufen verloren und hatten doch zugehört. Aber so ganz geheuer war ihnen die Sache nicht: „Woher willst du das denn alles wissen, das hast du dir doch nur ausgedacht!"

Jetzt musste Alexander aber lachen: „Glaubst du? Na, du wirst deine Meinung schon noch ändern."

Von Spooky aber verriet er nichts.

Und außerdem hatte er auch keine Zeit mehr. Die Eltern riefen die Kinder bereits zusammen.

Die Rätselrallye sollte losgehen!
Die Eltern begannen die Regeln zu erklären: Sie hatten im Wald hinter dem Haus eine Route gelegt und an einzelnen Stationen Aufgaben versteckt.

Es waren acht Stationen zu bewältigen. Bei der neunten erwartete den Sieger dann ein Gewinn.

Bei dem Fest waren Kinder unterschiedlichen Alters. Um jedem Kind die gleiche Chance zu geben und seinen jeweiligen Rechenstand zu berücksichtigen, gab es gelbe, grüne und blaue Zettel. Die gelben für die Siebenjährigen, die grünen für die Achtjährigen und die blauen für die Neunjährigen.*

Die Lösungen der Aufgaben mussten in die Weganweisungen eingesetzt werden und so kam man dann weiter. „Aber schummeln gilt nicht“, sagte die Mutter und stellte sich zu den anderen Eltern, welche die Aufsicht übernehmen sollten.

„Wir alle verteilen uns und warten bei den Stationen im Wald auf euch. Wir werden bei jeder Station ein bisschen Schiedsrichter spielen und aufpassen, dass auch jeder seine Aufgabe löst.

Und bevor ihr weiterrast, müsst ihr uns eure gelöste Aufgabe immer zeigen.“

Alexanders Mutter machte sich auf den Weg. Sie wollte die Kinder bei der ersten Station im Wald erwarten.

Los geht‘s!
Alexanders Vater gab mit einer Trillerpfeife das Startzeichen.

* In der Geschichte selbst findet ihr immer die leichteren Aufgaben auf den gelben Zetteln. Die schwierigeren Aufgaben auf den grünen und blauen Zetteln findet ihr auf den Seiten 39 und 40.

Station 1:

Beim Gartentor

Beim Gartentor mussten die Kinder die ersten Aufgabenzettel suchen.

Nun galt es, den richtigen Weg zur nächsten Station zu finden.

Die Kinder waren verblüfft.
Was sie da sahen, war sehr verwirrend. Hier hieß es, das Gehirn mächtig anzustrengen und gut aufzupassen.

Sie erhielten ein großes Blatt Papier, auf dem sie viele Punkte und Zahlen sahen.

Auf ihrem Aufgabenzettel stand:

Manche Kinder waren ziemlich ratlos.
„Na, nun zeig' uns, was du kannst“, forderten sie Alexander auf.

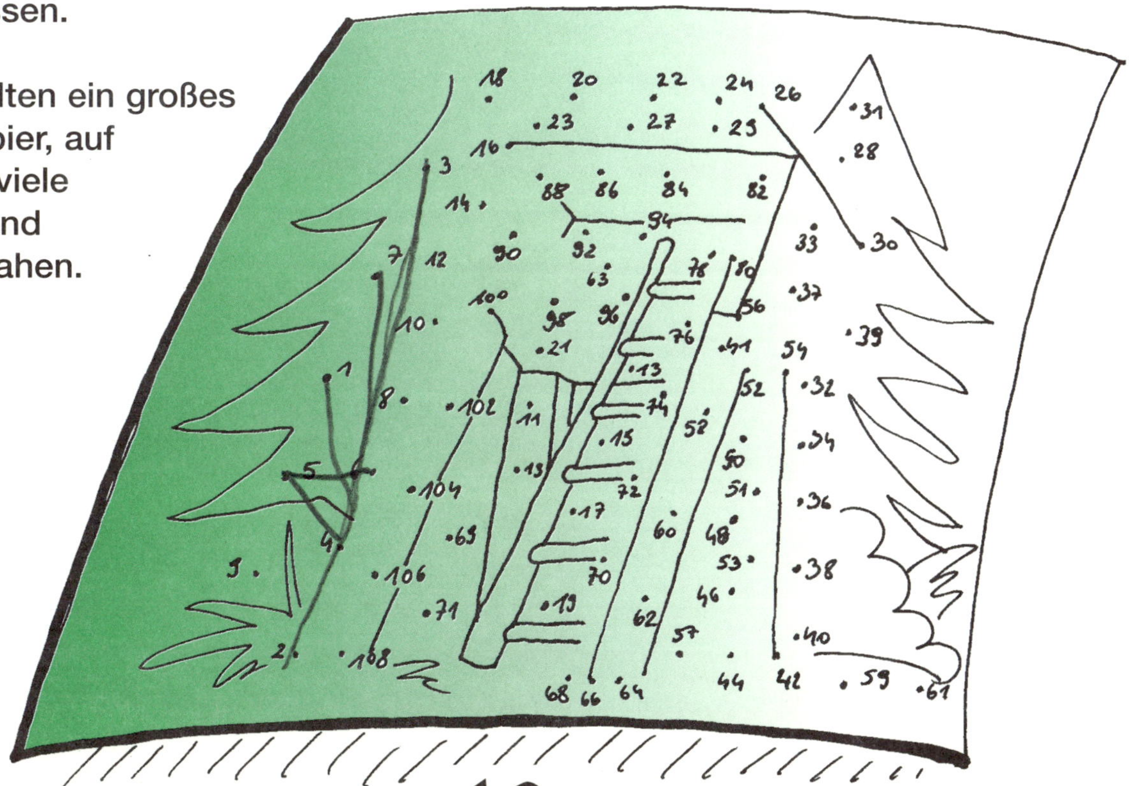

Doch auch Alexander und Nina waren ein bisschen aus der Fassung geraten. Das war ja viel komplizierter als die Rechenaufgaben in der Schule.

Doch so einfach wollten sie nicht aufgeben.

„Was hatte Spooky ihnen alles beigebracht? Was konnte hier wohl helfen?“, überlegten beide ganz angestrengt.

Endlich begannen sie, den rechten Arm zum linken Knie und den linken Arm zum rechten Knie zu bewegen und turnten so durch den Garten.

„Macht doch mit!“, forderten sie ihre Freundinnen und Freunde auf, die mit dem Rätsel nichts anfangen konnten.

„Wenn ihr euch so bewegt“, sagte Alexander, „dann regt ihr eure beiden Gehirnhälften gleichzeitig an und die beiden können zusammenarbeiten.

Und man kann diese Übung auch auf ganz verschiedene Art machen: *Auch zur Seite oder nach hinten.“*

Die anderen Kinder wussten nicht so recht, was sie davon halten sollten. Michael und Anna machten zögernd mit und fanden die Übung sehr lustig.

Paul und seine zwei Kumpel mussten sich natürlich darüber lustig machen: Sie zappelten wild durch den Garten und schnitten den anderen Grimassen.

Atemlos kehrten Alexander, Nina, Michael und Anna zu ihrem Blatt zurück und strengten sich nochmal an, das Bild zu entschlüsseln.
Und irgendwie fühlten sie sich viel erfrischter als vorher.

Anna strahlte plötzlich. Sie hatte verstanden, worauf es ankam, und malte eifrig. Sie verband die richtigen Zahlen miteinander und langsam erschien das Bild des Hochstands. Schon erkannte sie, wo die Rallye weitergehen sollte.

Dann stand sie auf und lief schnell in den Wald hinein.

Auch Alexander, Michael und Nina kamen nach und nach auf die Lösung und sprinteten los.

Paul und seine Freunde Fritzi und Max jedoch brüteten und kamen nicht auf die Lösung. „So ein Quatsch“, murrte Fritzi. „Lass uns etwas anderes spielen.“

Aber ein bisschen kleinlaut waren die drei schon, denn sie wollten den Gewinn natürlich auch haben.

Da rief Paul: „Kommt, wir verfolgen die anderen“, und warf den Rätselzettel in einem großen Bogen über den Zaun. Fritzi und Max und alle anderen folgten dem Freund.

Sie liefen aus dem Gartentor, aber sie hatten Alexander und die anderen schon verloren. So irrten sie planlos am Waldrand umher.

Station 2:

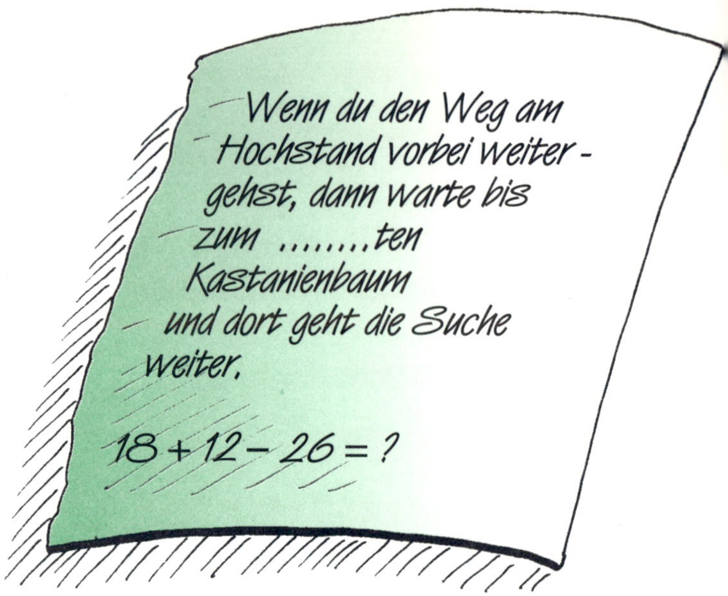

Die ersten Kinder beim Hochstand

Inzwischen erreichten Anna, dicht gefolgt von Alexander, Michael und Nina den Hochstand.

Hier wurden die vier von Alexanders Mutter empfangen.

Auf der Leiter, die nach oben führten, waren die nächsten Aufgaben versteckt. Jeder, der den Hochstand erreichte, nahm sich den Zettel mit der für ihn bestimmten Farbe.

Alexanders Mutter passte auch auf, dass wirklich jedes Kind seine neue Aufgabe löste.

Der weitere Weg war hinter einer Rechenaufgabe auf den Zetteln verschlüsselt.

Jetzt begann die Rechnerei.

Alexander begann sich beim Nachdenken zwei Punkte rechts und links vom Schlüsselbein zu reiben, während er die andere Hand auf seinen Nabel legte - er machte die

Gehirnknöpfe-Übung.

Nina machte es ihm nach und auch Michael und Anna, die von seinen Übungen überzeugt waren.

Alexander brüllte auf einmal: „Ich hab's, ich hab's." Er setzte die richtige Zahl ein und stürmte in den Wald. Auch seine Fans hatten bald die Aufgabe gelöst und konnten weitermachen.

Von seinem Zimmer aus hatte Spooky, der Kobold, die Kinder bereits im Garten beobachtet.

Er war mächtig stolz auf seine Schüler Alexander und Nina.

So allein mit seinen Büchern war ihm ein bisschen fad.

Der alte Koboldcharakter regte sich in ihm: Er wollte mitspielen und sich auch wieder einmal so richtig austoben.

Außerdem konnte er von hier oben das Rätsel nicht richtig sehen. Und er war doch so neugierig ...

Als Anna das Rätsel gelöst zu haben schien und aus dem Garten stürmte, gab es für Spooky kein Halten mehr.

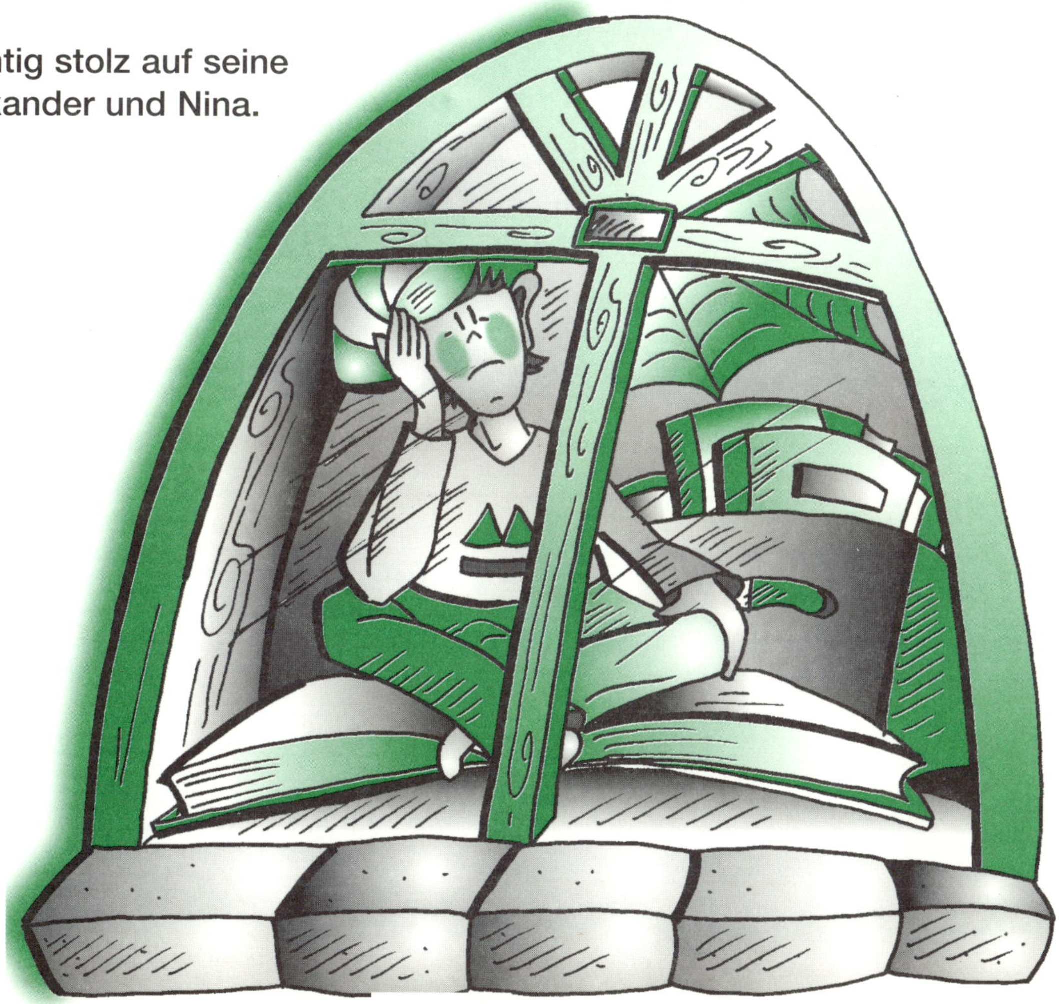

Spooky hilft mit

Er raste die Treppe im Haus hinunter und stürmte aus dem Garten.

Hinter einem Busch versteckt sah Spooky zu, wie Alexander und Nina die Aufgabe beim Hochstand in Empfang nahmen.

Dann kehrte er um. Er wollte Paul und den anderen Kindern folgen. „Wer weiß, vielleicht werde ich auch noch gebraucht", dachte Spooky.
Endlich fand er sie. Ein Bildnis des Jammers.

Spooky beobachtete Paul, Fritzi und Max, wie sie herumtobten und meckerten. Sie hatten bemerkt, dass sie sich verlaufen hatten.

Nach und nach versammelten sich auch Paula, Andreas und Jim hier. Keines dieser Kinder hatte die erste Aufgabe gelöst. Dabei wollten sie doch so gerne mitspielen. Spooky konnte fast ihre Köpfe rauchen sehen.

Die Kinder bemerkten Spooky vor lauter Stress nicht: Sie nahmen die Rallye furchtbar ernst. Dabei sollte sie doch Spaß machen.

Je länger die Brüterei dauerte, desto mehr wuchs Spookys Mitleid. Da musste etwas getan werden.

Sein Gerechtigkeitssinn war herausgefordert und er wollte auch ihnen helfen. Außerdem wollte er ein bisschen mitknobeln.

„Ich werde ihnen schon zeigen, dass Rechnen auch Spaß machen kann", dachte er bei sich.

Spooky stürzte aufgeregt zu den Kindern. „Na, los, ihr Schlappis, die anderen sind schon längst weiter und ihr sitzt hier herum und wisst nicht, was ihr tun sollt. Das kann doch wohl nicht wahr sein.“

Die Kinder erschraken: „Wer bist denn du?“

„Ich heiße Spooky und bin ein Kobold.

Ich bin ein Freund von Alexander und Nina. Ich bin dreihundert Jahre alt und habe schon so vielen Kindern beim Lernen geholfen.

Und alle stehen auf der Leitung, wenn es um Schule geht. Auch Alexander und Nina ist erst mit meiner Hilfe beim Lernen ein Licht aufgegangen.

Eine kleine Einschulung in richtige Gehirnbenutzung gefällig?“

Unwillkürlich rückten die Kinder zusammen. Sie hatten Angst vor diesem kleinen vorlauten Kobold.

Als Spooky das sah, änderte er seine Taktik: „Also los, ihr braucht euch nicht zu fürchten, ich werde euch auch ein paar Übungen zeigen. Solche, die das Gehirn anregen, von denen Alexander und Nina euch erzählt haben.

Aber dafür müsst ihr mir etwas versprechen.
Erstens müsst ihr mich mitraten lassen. Zweitens müsst ihr für mich ein paar Bücher aus der Schulbibliothek ausborgen.“

Das versprachen die Kinder gerne.
„Ja, ja“, schrien sie begeistert.
Der kleine Kobold war eigentlich gar nicht zum Fürchten.

„Aber wir müssen uns beeilen, sonst holen wir die anderen nicht mehr ein.“

Paul, Fritz und Max beobachteten ganz erstarrt diesen Handel, aber sie trauten sich nichts zu sagen.

Und so zeigte Spooky den Kindern zuerst die Übung, die auch Alexander schon gemacht hatte.

„Reibt euch eure Gehirnknöpfe.

Ihr nehmt Daumen und Zeigefinger einer Hand und sucht die zwei Mulden rechts und links unterhalb des Schlüsselbeins. Diese Punkte reibt jetzt ganz sanft.
Die andere Hand legt auf euren Nabel.

So könnt ihr die Verbindung zwischen euren beiden Gehirnhälften anregen."

Und da die Kinder, und auch Paul, Fritzi und Max, weiter gespannt zuhörten, erzählte Spooky weiter.
„Um den Energiefluss in eurem ganzen Körper anzuregen, zeige ich euch gleich zwei weitere Übungen.

Die erste Übung nennt man Erdknöpfe.

Legt zwei Finger unter die Lippen, die andere Hand legt an euren Nabel. So bleibt etwa eine halbe Minute. Dann wechselt die Hände.

So schaltet ihr den Energiefluss in eurem Körper zwischen unten und oben, zwischen eurem Körper und eurem Kopf, ein.
Ihr seid dann nicht mehr so träge, sondern werdet richtig munter.

Die zweite Übung heißt
Raumknöpfe.

Legt zwei Finger einer Hand an die Oberlippe. Die andere Hand legt an euer Steißbein, dort, wo die Pobacken beginnen.

Diese Übung regt die Verbindung in eurem Körper zwischen vorne und hinten an. Ihr werdet rundum wach und könnt viel mehr aufnehmen."

„Wozu ist denn das gut - die Verbindung zwischen vorne und hinten?", fragte Andreas.

„Damit verbessert ihr euer Raumgefühl: Ihr nehmt Nahes und Fernes besser wahr. Das hilft euch zum Beispiel auch, wenn ihr auf der Tafel etwas lesen müsst."

Spooky hatte sich auf einen Baumstamm gestellt und machte den Kindern die Übungen vor.

Die Kinder waren ganz neugierig und ein bisschen unsicher, machten aber mit.

„So, und jetzt zeigt einmal eure Aufgaben her." Spooky deutete auf den Zettel: „Das wäre doch gelacht, wenn ihr das nicht lösen könntet."

Dann steckten alle ihre Köpfe zusammen und lösten die Aufgabe. Spooky half ihnen ein bisschen.

Und die Kinder fanden das Rätsel schon gar nicht mehr so schwer.

Die  Nachzügler bei der Station 2

Die Nachzüglergruppe und Spooky rannten um die Wette, um die zweite Station zu erreichen. Jetzt waren alle in Schwung und holten sich ihren Zettel mit der zweiten Aufgabe. Die Lösungen sollten sie in die Weganweisung einsetzen.

Den kleineren Kindern half Alexanders Mutter beim Lesen.

Spooky passte inzwischen auf, dass Alexanders Mutter ihn nicht sah. „Erwachsene sind manchmal so komisch", erklärte er den Kindern, „da muss man aufpassen!"

Jetzt waren alle hellwach und die Kinder lösten die Aufgabe schnell. Schon rasten sie in Richtung der Station 3.

Spooky blieb noch hinter dem Hochstand versteckt, denn Paula und Jim taten sich beim Rechnen doch ein bisschen schwer. Spooky riet ihnen,

sich die **Denkmütze** aufzusetzen:

„Legt die Hände an die Ohren. Dann reibt eure Ohren mit Daumen und Zeigefinger sanft von innen nach außen, als wolltet ihr sie auseinander rollen. Fangt oben bei den Ohrenspitzen an, bis ihr zu den Ohrläppchen kommt.

Mit dieser Übung könnt ihr euch besser konzentrieren, wenn ihr mit den Aufgaben beginnt."

Die Mutter wunderte sich über die komischen Bewegungen, die die Kinder machten, aber sie war viel zu beschäftigt, um der Sache nachzugehen und Spooky zu entdecken.

Station 3:

Beim Futterstand

Die Kinder mussten vier Kastanienbäume abzählen. Dort war der Futterstand.

Mittlerweile hatten sich zwei Gruppen herausgebildet: Die erste bestand aus Alexander, Nina, Michael, Anna und Andreas. Sie waren gute Rechner und hatten ihre Rätselrechnung schnell gelöst. Sie liefen schon zur Station 4. Die zweite Gruppe mit Paul, Fritzi, Max, Paula und Jim war nicht so flott unterwegs. Bei ihnen blieb Spooky.

Da die schwächeren Rechner wussten, dass Spooky ihnen helfen würde, verloren sie nicht den Mut. Außerdem fanden sie Spooky fast witziger als die Rallye und sie wollten mehr von seinen Übungen kennenlernen.

In einem großen Hut lagen die nächsten Aufgaben und Paulas Vater passte auf.

Spooky zeigte ihnen den

Schwerkraftgleiter.

„Stellt euch hin. Kreuzt die Füße übereinander.
Lasst dabei die Knie ganz locker und sucht euch einen sicheren Stand.
Beugt den Oberkörper nach vorne und lasst die Arme locker nach unten hängen. Dann pendelt mit dem Oberkörper und den Armen hin und her, nach oben und unten, von rechts nach links.
Atmet nach unten aus und richtet euch beim Einatmen wieder auf.

Diese Übung übt euer Gleichgewichtsgefühl und hilft euch zu entspannen. Dann könnt ihr euch viel besser konzentrieren.“

Das war gar nicht so leicht, wie es aussah. Paula, Andreas und Jim wackelten ziemlich herum. Sie fielen sogar hin.

Das war wieder etwas für Paul, Fritzi und Max: Sie lachten und ahmten die ungeschickten Kinder nach.

Sie vergaßen ganz weiterzumachen und blieben allein zurück, als Paula, Andreas und Jim die Aufgabe schon gelöst und ihre Zettel Paulas Vater gezeigt hatten.

Vom vielen Herumblödeln war ihnen ganz schwindelig. Sie hatten überhaupt keine Lust, sich bei den Aufgaben anzustrengen, lösten sie falsch und liefen prompt in die Rätselrallyefalle.

Strafstation:

Ätsch!
Falsche Richtung!

Paul, Fritzi und Max waren in die falsche Richtung gelaufen. Plötzlich - nach ein paar Bäumen - fanden sie am Boden eine große Tafel, und Alexanders Vater kam aus seinem Versteck heraus - er wartete auf alle Irrläufer.

Auf der Tafel stand folgende Nachricht:

Die drei brummten böse vor sich hin. Aber da Alexanders Vater hier die Aufsicht führte, trauten sie sich nicht zu mogeln und machten brav die Purzelbäume und Liegestütze.

Aber auch die kleine Paula und Andreas und Jim tapsten in diese Falle und mussten die Strafübung machen. Allerdings hatten sie richtig gerechnet und waren nur in die falsche

Richtung gelaufen, weil sie nicht wussten, wo rechts und wo links war. Paula verstand die Welt nicht mehr. Kopfschüttelnd begann sie mit ihren Purzelbäumen.

Spooky hatte kapiert, was da passiert war, und wollte mit den drei Kindern ein Spezialprogramm machen, damit sie rechts und links besser auseinander halten konnten.

Kurz bevor sie wieder die Station 3, den Futterstand, erreichten, tröstete er sie: „Wenn man rechts und links verwechselt, bedeutet das meistens, dass eure beiden Gehirnhälften nicht gut zusammenarbeiten.

Also macht noch ein paar Überkreuzbewegungen, erst im Stehen, dann zur Abwechslung einmal im Sitzen.“

Spooky setzte sich auf einen Baumstamm und machte den dreien die Übung vor:

„Berührt mit dem rechten Ellenbogen das linke Knie und umgekehrt.

Mit Überkreuzbewegungen gewinnt ihr Gefühl für euren Körper, für rechts und für links. Das ist fürs Rechnen besonders wichtig. Damit ihr euch vor eurem inneren Auge alles gut vorstellen könnt.“

Dann ließ er sie liegende Achten auf den Boden malen.

„Malt eine liegende Acht auf den Boden und folgt der Schleife mit dem Finger.

So verbindet ihr euer rechtes und euer linkes Gesichtsfeld miteinander."

Nach diesen Übungen lief Spooky mit allen Kindern zum Futterstand zurück.

Dort lösten sie die Aufgaben und fanden endlich alle die richtige Richtung.

Sie fanden einen großen Baum, an dem eine Fahne angebracht war.

Station 4:

Baum mit Fahne

Die vierte Station sollte der Erholung dienen. Hier hatten die Eltern Erfrischungen für die Kinder vorbereitet.

Auf einem Schild stand:

Die Kinder jedoch nahmen sich kaum die Zeit zum Verschnaufen. Das Spielfieber hatte sie gefangen. Dieser Eifer war ganz in Spookys Sinn. Schnell machte er ihnen noch eine Übung vor und zeigte ihnen die

Armaktivierung:

„Streckt einen Arm in die Höhe. Reckt euch richtig und zieht euch aus der Hüfte nach oben, als wolltet ihr noch wachsen. Atmet ein. Beim Ausatmen drückt den Arm nach vorne, nach links, nach rechts und nach hinten. Helft mit dem zweiten Arm nach. Dann wechselt den Arm.

Diese Übung dient zur Entspannung der Schultern. Ihr könnt besser durchatmen, und verbessert eure Sitzhaltung. Und sie hilft euch schöner zu schreiben."

Aber die Kinder rasten nur schnell durch diese Station durch. Also gab Spooky es auf und rannte seinen Schützlingen hinterher.

Station 5:

Waldlichtung

Alexander, dicht gefolgt von Anna, Michael und Nina, erreichte als erster die Waldlichtung und nahm sich einen blauen Zettel.

Aber auch die Nachzüglergruppe mit Spooky war ihm dicht auf den Fersen.

Suche die sechs Zahlen, die auf der Wiese versteckt sind, nimm sie nicht mit, sondern schreibe sie dir auf.

Dann lass die beiden größten und die kleinste weg und addiere die Zahlen.

Das Ergebnis sagt dir, wie viele Baumstümpfe du suchen musst, bis du das nächste Hindernis findest.

Die Eltern hatten Zahlen aus Pappe gebastelt und sie so in der Wiese und unter Büschen versteckt, dass sie kaum zu sehen waren.

Manchmal war es ganz schön schwierig, die Zahlen zu finden.

Spooky hielt sich wieder bei Paul und seiner Bande und den kleineren Kindern um Paula.

Hier brauchten sie seine Hilfe zwar nicht unbedingt, aber Spookys Übungen wollten sie gar nicht mehr missen.

Er war ihnen zwar noch immer nicht so ganz geheuer, denn er war schon ein komischer Kauz, aber mit ihm machte diese Rallye richtig Spaß.

Spooky lehnte sich an einen Baum und ließ die Augen in alle Richtungen schweifen: oben - unten - rechts - links.

Das sah ziemlich komisch aus, fanden die Kinder.

„So trainiert ihr eure Augen", sagte Spooky.

„Das ist für diese Übung gar nicht so unwichtig, oder?", grinste er.

Die Kinder machten gleich mit und verdrehten ziemlich die Augen.

„Und wenn ihr jetzt schon ein bisschen kaputt und müde seid, weiß ich noch etwas für euch."

Dann machte er ihnen die

Wadenpumpe vor.

„Stützt euch an einen Baum. Geht in Schrittstellung und atmet gleichmäßig. Das Gewicht ist auf dem vorderen Bein. Beim Ausatmen drückt die Ferse in Richtung Boden.

So könnt ihr ein bisschen üben, euch in eurer Umgebung zurechtzufinden und alles wahrzunehmen. Diese Übung verbessert euer Verständnis beim Hören und auch beim Lesen, weil sie euer Blickfeld erweitert."

Die Kinder machten Spooky die Übungen nach. Sie suchten alle am Boden herum, bis sie tatsächlich sämtliche Zahlen gefunden hatten, und begannen ihre Rechnungen zu lösen.

Spooky beobachtete sie ungeduldig. Alexander und die anderen waren schon längst weiter.

„Ein bisschen hopp, hopp, wenn ich bitten darf", brüllte Spooky, „wir sind immer noch die letzten.

Was kommt ‘raus? Wie viele Baumstümpfe müssen wir suchen?"

„Fünfzehn Baumstümpfe brauchen wir!", schrien die Kinder aufgeregt durcheinander.

Aber in welche Richtung, war nun die Frage?

Endlich sahen sie, dass eine richtige Reihe von Baumstümpfen von der Lichtung wegführte. „Da entlang", schrie Fritzi.

Spooky übernahm die Führung.
Ein Kind nach dem anderen hopste hinter Spooky her.

Station 6:

Der Eimer am Kletterbaum

Neben dem fünfzehnten Baumstumpf sahen die Kinder einen Baum.
Am Baum hing ein Eimer. Wenn man ein bisschen kletterte, konnte man ihn von einem Ast aus leicht erreichen.

Von hinten sahen sie gerade noch Nina, die ihre Aufgabe schon gelöst hatte, im Wald verschwinden.

Das war etwas für Paul und seine zwei Kumpel. Klettern wollten die drei gern. Paul war als erster oben und nahm sich seinen Zettel.

Die anderen hatten ein bisschen Angst. Ihnen war der Baum doch zu hoch.

„Vielleicht solltet ihr erst einmal etwas für euer Gleichgewichtsgefühl tun“, sagte Spooky und zeigte eineweitere Übung vor.

„Haltet euch eure

Gleichgewichtspunkte!

Nehmt zwei Finger und legt sie an die kleine Vertiefung hinter eurem Ohr. Die andere Hand legt auf euren Nabel.

So steigert ihr euer Gleichgewichtsgefühl und eure Konzentration. Ihr werdet gleich sehen, wie euer Kopf klarer wird.“

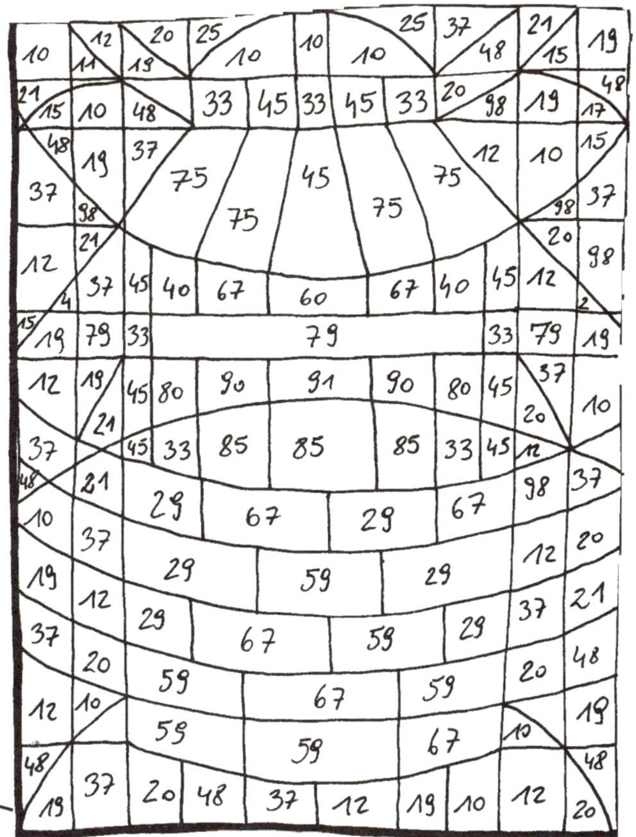

Paul schüttelte alle Zettel auf den Boden hinunter.
Schnell warfen sich Spookys Schützlinge auf die Aufgaben. Da stand:

Löse die folgenden Aufgaben: Die Ergebnisse suche in dem Bild und male die entsprechenden Felder an. Achtung: Alle Lösungen kommen mehrmals vor. Das Bild verrät dir den weiteren Weg.

$26 + 7 =$
$37 + 8 =$
$8 + 67 =$
$73 + 6 =$
$74 + 11 =$
$6 + 23 =$
$62 + 5 =$
$55 + 4 =$

Als sie die Lösungen hatten, malten sie das Bild an. Langsam enttarnten sie die Abbildung eines Brunnens.

Der alte Brunnen beim Försterhaus!

Den kannten sie alle. Hier hatten die Kinder am letzten Wandertag ein Picknick veranstaltet.

Station 7:

Am alten Brunnen

Nummeriere das Alphabet durch (a=1, b=2, c=3 usw.). Jeder Buchstabe stellt eine Zahl dar. Dann löse die folgenden Aufgaben. Die Ergebnisse wandelst du in Buchstaben um. Diese Ergebnisse verraten dir den weiteren Weg zu dem Gewinn.

6 – 4 = 2
9 – 8 = 1
18 + 3 = 21
10 + 5 – 2 =
3 + 5 =
19 – 18 =
14 + 7 =
13 + 6 =

Als die Kinder beim Brunnen ankamen, sahen sie die Zettel in den verschiedenen Farben, die am Brunnen festgebunden waren.

Den Kindern war heiß und sie plantschten wild herum.

Das war ein Gespritze und Gejohle.

Die Kinder waren durch und durch nass, bevor sie endlich ihre Aufgabe in der Hand hielten. Spooky warf einen Blick auf einen Zettel. Na endlich, einmal etwas Anspruchsvolles. Das forderte auch einen Kobold heraus.

„Vielleicht tun wir vorher noch etwas für unsere Konzentration“, schlug Spooky vor.

„Setzt euch mit angewinkelten Beinen auf den Boden. Mit dem Becken führt kreisförmige Bewegungen nach rechts und nach links aus.

Wenn eure Beine vom langen Sitzen verkrampft sind, dann könnt ihr euch sicher nicht mehr so gut konzentrieren. Mit dieser Übung regt ihr eure Rückenmarksflüssigkeit an und aktiviert das Gehirn.

Sie vertieft eure Atmung und weckt so die Aufmerksamkeit."

Spooky gesellte sich zu einem der älteren Kinder: „Wo könnte es nur weitergehen?" Er gab den Kindern den Tip, alle Buchstaben des Alphabets erst einmal durchzunummerieren.

„Dann geht es viel einfacher."

Die Kinder ließen sich gern von Spooky helfen. Und wirklich: Bald wussten die ersten, wohin es gehen sollte.

Nacheinander ergaben die Rechnungen das Wort

B A U M H A U S.

Das kannten sie, war es doch das Lieblingsversteck aller Stadtkinder.

Station 8:

Baumhaus

In einem Endspurt erreichten die Kinder die letzte Station.

Mit Spookys Hilfe hatten die Nachzügler mittlerweile mächtig aufgeholt. So trafen sie hier wieder auf die andere Gruppe mit Alexander, Nina, Michael und Anna und waren sehr stolz.

Die letzte Aufgabe schien besonders kniffelig zu sein:
Ein Buchstaben-Puzzle!

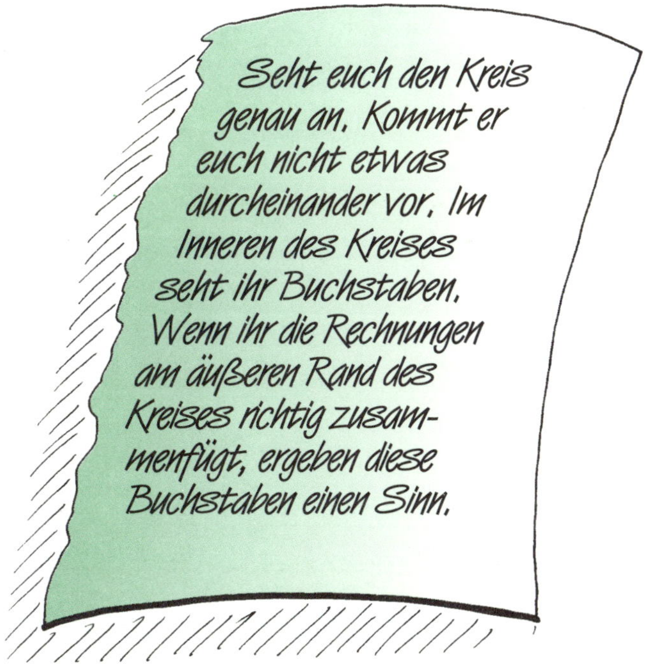

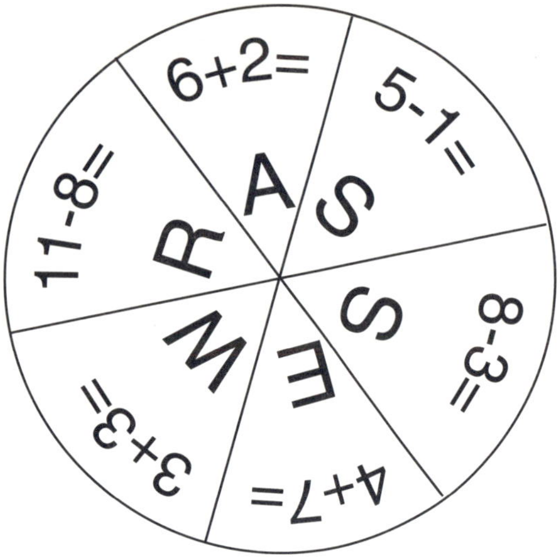

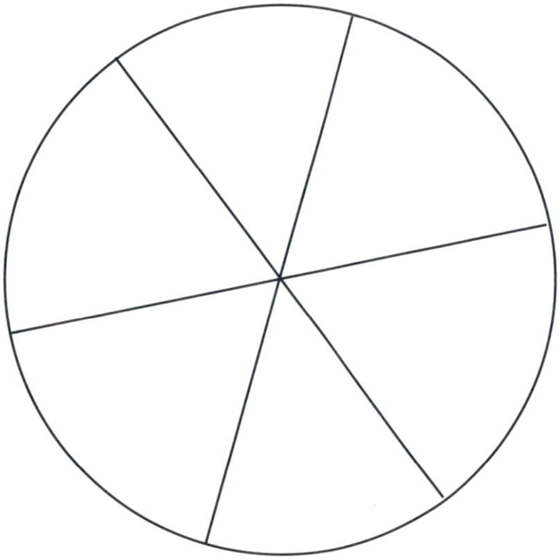

Dieses Mal kamen auch Alexander und Nina einfach nicht darauf. Hier war wohl ein geübteres Köpfchen gefragt.

Spooky warf einen Blick auf den Zettel und das Bild mit dem Rätsel.

Dann setzte er sich auf einen umgestürzten Baum:

„Jetzt brauche ich zur Entspannung meinen Energiesitz.

Setzt euch auf einen Baumstamm und legt das linke über das rechte Bein. Haltet den linken Knöchel mit der rechten Hand. Mit der linken Hand haltet den Ballen des linken Fußes. Und jetzt seht: Euer Körper bildet eine liegende Acht.

Die Kinder machten es ihm nach, blinzelten aber immer ganz aufgedreht zu Spooky. Sie konnten jetzt nicht so einfach abschalten.

„Na, das machen wir ein anderes Mal weiter, da braucht ihr wohl noch mehr Training“, meinte Spooky, „ich habe ja auch dreihundert Jahre Vorsprung.

Gemeinsam werden wir auch so auf die Lösung kommen ...“

Auch Paul, Fritzi und Max hatten ohne viel Murren alle Stationen hinter sich gebracht. Mittlerweile fing ihnen das Ganze sogar an, Spaß zu machen.

So stand Paul kurz vor der Lösung. Sein Buchstabenpuzzle ergab das Wort W A S S E R. „Was sollte das bedeuten? Zurück zum Brunnen? Das konnte doch nicht wahr sein."

Sein Ehrgeiz war entfacht. Besonders, als ihm klar wurde, dass weder Fritzi und Max noch die anderen Kinder auf die Lösung stießen.

„Wasser? Wieso Wasser?", fragte sich Paul. Aber da dämmerte es ihm. „Aber klar! - Der See. Es kann nur der große Waldsee gemeint sein."

Gleichzeitig schrie auch Alexander auf: „Ich hab's!"

Aufgeregt liefen Alexander und Paul den Weg in Richtung See.

Einige der übrigen Kinder wollten einfach hinterherlaufen, doch die Eltern passten auf, dass auch wirklich alle ihre Aufgaben lösten.

Nacheinander kamen sie auf die Lösung und folgten Alexander und Paul.

Station 9:

Überraschung am See

Alexander und Paul kamen zum Seeufer und sahen beide gleichzeitig auf dem Bootssteg eine große Kiste.

Sie stürmten auf die Kiste los und öffneten sie. In ihr fanden sie einen prall aufgeblasenen Luftballon.

Jetzt waren beide ziemlich überrascht: Das sollte der große Gewinn sein?

Doch das war nun die letzte Hürde. Aber darauf mussten die beiden nun schon selber kommen.

Endlich hatte Alexander eine Idee. Er kramte sein Taschenmesser hervor und stach in den Ballon.

Der Ballon zerplatzte mit einen lauten Knall. Heraus fiel ein Zettel. Auf diesem stand:

Gutschein für eine Ballonfahrt.

Das hatte Alexander sich schon lange gewünscht. Auch Paul war ganz aus dem Häuschen. Die anderen Kinder waren ein bisschen neidisch, als sie von dem tollen Gewinn hörten. Den hätte jeder gerne gehabt ...

Die Eltern aber waren ehrlich überrascht. Mit so klugen Rechenkünstlern hatten sie nicht gerechnet. Selbst die Kleineren waren ganz dicht hinter den Siegern. Alexanders Eltern überlegten, wie sie die anderen Kinder belohnen konnten. Eigentlich hatten alle einen Preis verdient.

Und Alexanders Vater hatte eine rettende Idee! Er arbeitete in einer großen Agentur, die Ballonfahrten zu Werbezwecken durchführte. Er hatte organisiert, dass der Sieger einmal einen ganzen Tag lang mitfahren konnte. Er rief einen seiner Kollegen an.
Und so wurde es möglich, dass auch die anderen Kinder kurz in die Lüfte abheben konnten. Jetzt waren wirklich alle zufrieden und feierten.

Die Kinder waren mächtig stolz und aufgekratzt. Sie nahmen Spooky auf die Schultern und ließen ihn hochleben.

Alexanders Eltern waren restlos verblüfft, als sie Spooky sahen. Doch als Nina ihren Eltern erklärte, wer Spooky war, wunderte diese gar nichts mehr.

Sie freuten sich mit den Kindern und alle hatten noch einen tollen Nachmittag. Und natürlich drehte sich alles um Spooky.

Nachdem Spooky sich den Magen vollgeschlagen hatte, verabschiedete er sich zwinkernd: „Vergesst eure Übungen nicht. Und denkt an unsere Abmachung!“

Rechenaufgaben auf grünen und blauen Zetteln*

Station 1: Zahlenrätsel

Grün und Blau

Wenn du in dem Bild alle Zahlen, die sich durch 2 und 3 teilen lassen in der richtigen Reihenfolge verbindest, wirst du bald wissen, wo du als nächstes hinmusst. Fange mit 2 an.

* Die Lösungen findet ihr auf der Seite 48.

Station 2:

Grün

138 - 48 - 36 + 5 - 55=

Blau

408 : 102=

Station 3:

Grün

48 : 4 =

Blau

700 : 35=

Station 4: Erholung

Station 5:

Grün

Multipliziere die zweitkleinste und die drittkleinste Zahl miteinander.

Blau

Multipliziere die zweitkleinste mit der drittgrößten Zahl sowie die kleinste mit der zweitkleinsten. Dann subtrahiere die kleinere von der größeren Zahl.

Station 6:

Grün

128 + 147 =	170 - 38 - 89 =
42 + 47 + 89 =	101 - 66 + 49=
85 - 46 - 20=	309 + 87=
99 + 18 - 23=	77 - 58 - 12 + 65=

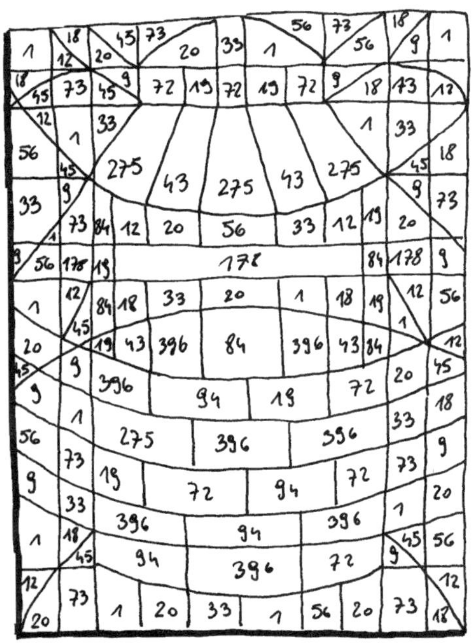

Blau

178 + 127=

3 x 7=

42 x 3=

120 : 15=

360 : 18=

18 x 19 =

3x7 + 22=

25 x 12 : 6 =

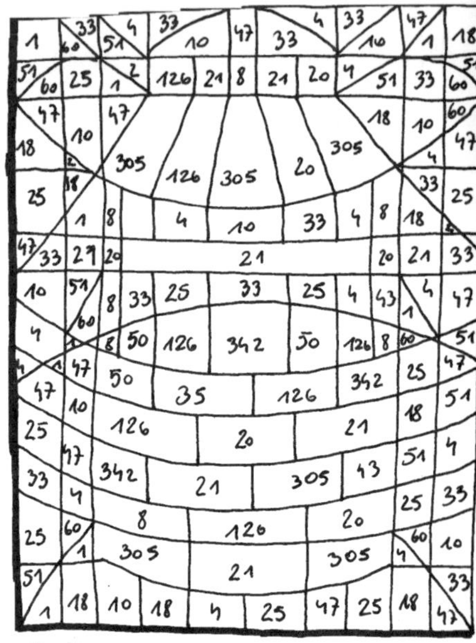

Station 7: Alphabetaufgabe

Grün

18 : 9=	90 - 27- 62 =
84 : 4 =	130 : 10 =
80 - 20 - 52 =	115 + 78 - 110 - 82 =
210 : 10 =	380: 20 =

Blau

38 : 19 =	800 : 200 - 3 =
294 : 14 =	13 x 10 x 2 : 20 =
736 : 92 =	87 x 4 : 12 : 29 =
630 : 30 =	342 : 18 =

Station 8: Buchstabenpuzzle

Grün

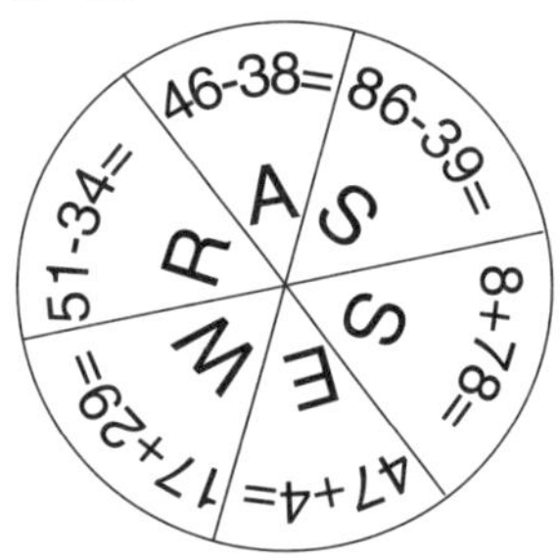

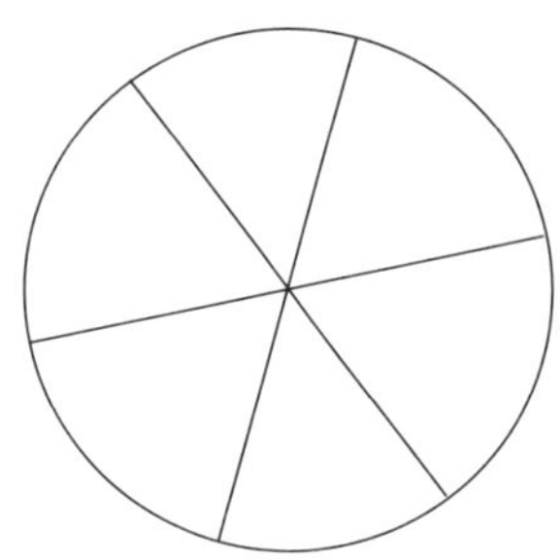

Blau

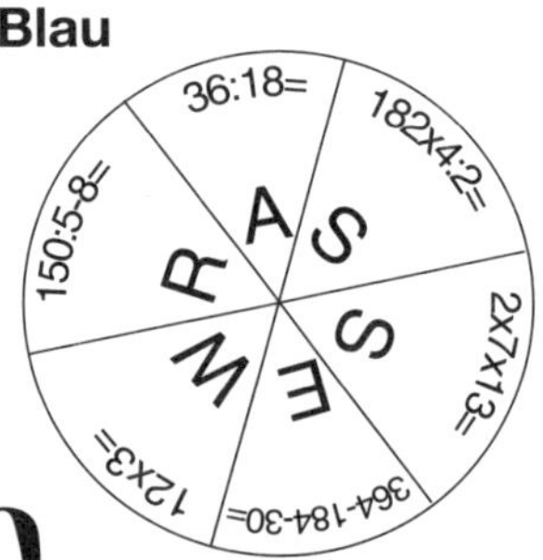

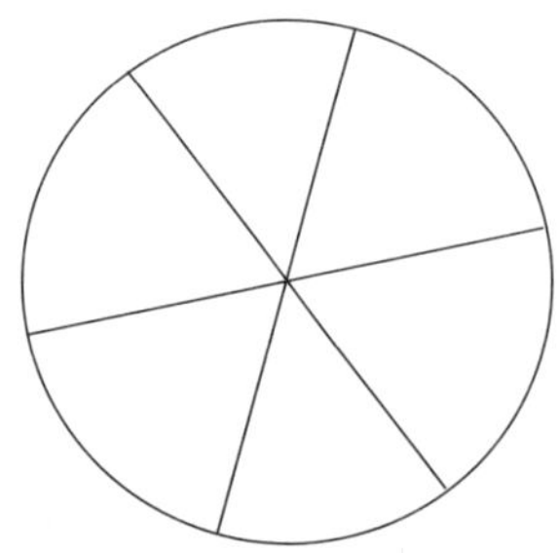

Kurzeinführung in die Kinesiologie

Was bedeutet Kinesiologie?

Kinesiologie ist die Lehre von der Bewegung.

Die Bezeichnung ist abgeleitet von den griechischen Wörtern kinesis = „Bewegung des menschlichen Körpers“ und logos = „Lehre, Theorie“.

Bewegung ist wesentlich für unser ganzes Leben. Das beginnt bereits im Kleinkindalter. Ein neugeborenes Kind fängt an sich zu bewegen und mit seinen Sinnen die Umgebung zu erfahren. So gelangen Informationen zu seinem Gehirn. Diese werden vom Gehirn geordnet. Das Gehirn gibt Befehle an jeden Teil des Körpers weiter und speichert Erfahrungen.
Über Nervenbahnen ist das Gehirn mit allen Teilen des Körpers verbunden. Nur wenn das Gehirn die eintreffenden Empfindungen verarbeiten kann, lernt das Kind zu krabbeln, zu gehen und zu lernen.
In den ersten Lebensjahren entstehen im Gehirn die Verknüpfungen, die für die optimale Entwicklung seines Gehirns entscheidend sind. Je mehr Anregungen im Gehirn des Babys eintreffen, desto stärker wird die Entwicklung der Nervenverbindungen angeregt.

Gehirnentwicklung und Bewegungsentwicklung gehen also Hand in Hand.

Auch im Erwachsenenalter ist Bewegung wichtig: Bewegung regt den Energiefluss im Körper an, der wesentlich dafür ist, dass wir unser volles Potential ausschöpfen können.

Was sind Meridiane?

Im menschlichen Körper fließt Energie. Diese Energie verläuft in bestimmten Bahnen. Wir kennen diese Bahnen aus der chinesischen Medizin.
Man nennt sie Meridiane.

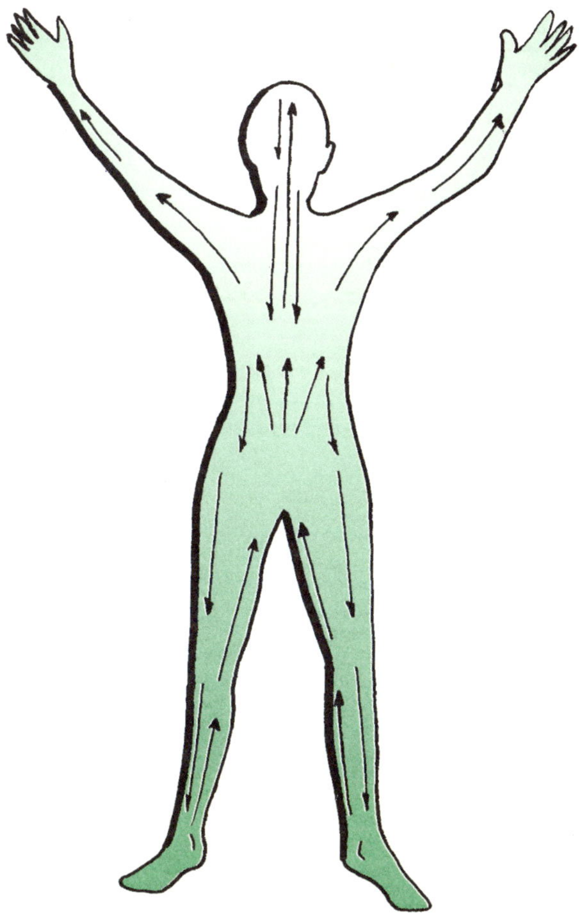

Meridiane sind Energieströme, die von den Lebensfunktionen stammen, mit denen sie zusammenhängen, z.B. Herzmeridian, Lungenmeridian, Magenmeridian etc.

Die Lebensenergie fließt entlang dieser Leitbahnen durch bestimmte Körpergegenden und versorgt sie, genauso wie Flüsse, die die Gebiete versorgen, durch die sie fließen. Meridiane fließen von ihrem Anfangspunkt bis zu ihrem Endpunkt in eine bestimmte Richtung. Sie versorgen die Sehnen, Muskeln, Nerven, Knochen und Organe mit Energie.

Meridiane sieht man nicht. Sie liegen unterhalb der Haut. Über Massagepunkte, die uns aus der chinesischen Akupunktur (dem Einstechen feiner Nadeln in bestimmte Punkte) und Akupressur (dem Massieren bestimmter Punkte mit leichtem Druck und kreisenden Bewegungen) bekannt sind, können wir den Energiestrom im Meridian anregen. Akupunkturpunkte gibt es am ganzen Körper. Die Abbildung zeigt Massagepunkte auf der Körpervorderseite.

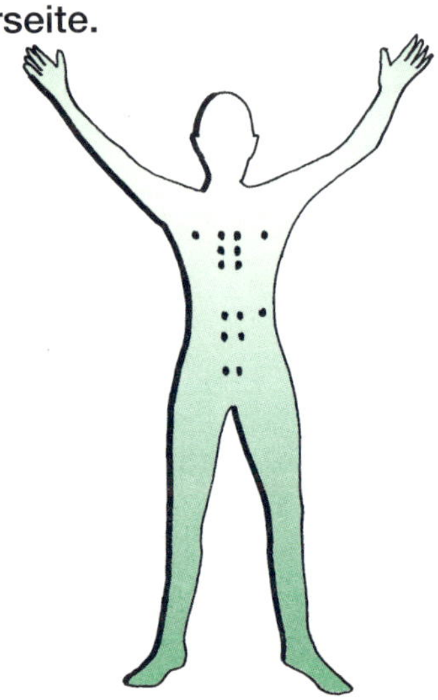

Die Geschichte der Kinesiologie

Heute gibt es verschiedene Richtungen der Kinesiologie. Die Anfänge liegen in den sechziger Jahren in der Chiropraktik.

Die Chiropraktik ist eine therapeutische Richtung, die Ungleichgewichte und Schmerzen im Körper feststellt und behandelt.

Der Chiropraktiker George Goodheart begründete in den frühen sechziger Jahren die **Angewandte Kinesiologie**, die das Testen von Muskeln und das Ausgleichen von verkrampften Muskeln beinhaltet.

Er entwickelte den sogenannten Muskeltest, um mit ihm festzustellen, in welchem Bereich des Körpers Verspannungen vorliegen. Diese Verspannungen versuchte er durch das Massieren von Akupunkturpunkten zu lösen.

Das System der Angewandten Kinesiologie wurde durch John F. Thie im **Touch for Health** (Gesund durch Berühren) in den siebziger Jahren einer breiteren Öffentlichkeit zugänglich gemacht und erlangte so große Popularität.

Edu-Kinestetik

Die Edu-Kinestetik wendete die Erkenntnisse der Angewandten Kinesiologie und des Touch for Health auf den Lernbereich an.
Die Edu-Kinestetik verdeutlicht, wie Energie blockiert und wieder freigesetzt werden kann. Ihr Ziel besteht darin, die individuelle Lernfähigkeit zu verbessern.

Der Begründer der Edu-Kinestetik ist Paul Dennison. Er beobachtete Kinder mit Lernstörungen und stellte fest, dass die Bewegung in der frühen Kindheit eine zentrale Bedeutung für die Fähigkeit zu lernen hat.

Er betonte den Zusammenhang zwischen Gehirnentwicklung und Bewegung und leitete aus der frühkindlichen Entwicklung Bewegungsübungen her, die beim Lernen unterstützen sollen.
Insbesondere betonte Dennison die Bedeutung der Krabbelphase für die Entwicklung des Gehirns.

Wieso ist Krabbeln so wichtig?

Unser Körper ist symmetrisch aufgebaut und weist eine rechte und eine linke Körperhälfte auf. Genauso haben wir auch zwei Gehirnhälften, die spiegelbildlich aufgebaut sind.

Das Rechts-Links-Schema ist grundlegend für die Organisation unseres gesamten Organismus. Wir haben zwei Arme, zwei Beine, zwei Augen, zwei Ohren usw.
Im Laufe unserer ersten Lebensjahre lernen wir, die rechte und die linke Körperhälfte im Gleichgewicht zu halten. Dazu automatisiert unser Gehirn das Muster der Überkreuzbewegungen, die es in der Krabbelphase erlernt.

Im Alter zwischen sieben und zehn Monaten beginnt ein Kind zu krabbeln. Es bewegt gleichzeitig den linken Arm und das rechte Bein und umgekehrt.
Das Krabbeln aktiviert durch die gleichzeitige Bewegung eines Armes und des gegenüberliegenden Beines beide Gehirnhälften gleichzeitig.
Es trainiert die koordinierte Bewegung beider Augen, Ohren, Hände und Füße sowie die Ausgewogenheit der Rumpfmuskulatur. Wenn beide Augen, beide Ohren, beide Hände und Füße gleichermaßen eingesetzt werden, entwickelt sich die Nervenverbindung zwischen den beiden Gehirnhälften, die diese Abläufe zwischen den beiden Hälften unterstützt, viel besser.
Indem wir mit beiden Ohren gemeinsam hören, mit beiden Augen auf einen Punkt blicken, mit beiden Hände auf dasselbe zusteuern können, erweitern wir unseren Aktionsradius. Wir lernen, unsere beiden Gehirnhälften gemeinsam zu benutzen.

Wie sieht unser Gehirn aus?

Unser Gehirn besteht im Wesentlichen aus drei eigenständigen Teilen, die sich zu unterschiedlichen Zeiten herausgebildet haben: dem Stammhirn oder dem Hirnstamm, dem Kleinhirn und dem Großhirn.

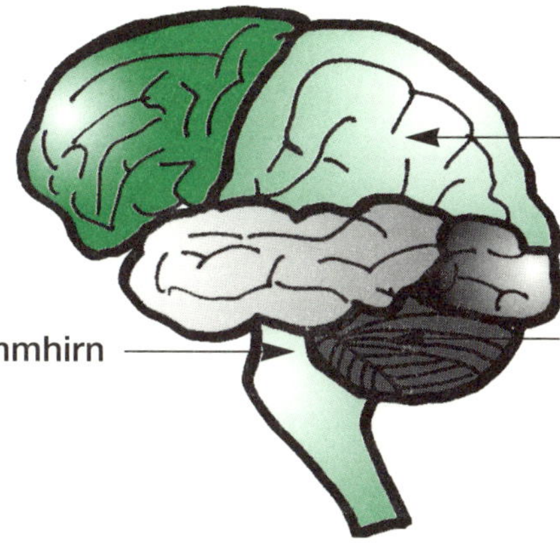

Der älteste Teil ist der **Hirnstamm.** In ihm setzen sich die sensorischen Bahnen des Rückenmarks fort. Er steuert lebenswichtige Funktionen wie Atmung, Pulsfrequenz oder Verdauung. Die Aktivitäten im Hirnstamm laufen zum größten Teil automatisch ab. Hier werden auch Reizempfindungen und Informationen aus den Sinnesorganen verarbeitet.

An der Rückseite des Hirnstamms liegt das Kleinhirn. Das Kleinhirn verarbeitet alle Arten von Empfindungsreizen, spielt jedoch eine besondere Rolle für die Motorik, für die Körperbewegungen oder die Empfindungen von Muskeln und Gelenken.

Den größten Teil des Gehirns nimmt das Großhirn ein. Es besteht aus zwei Halbkugeln, von denen sich eine auf jeder Seite des Kopfes befindet. Diese Hälften, die Großhirnhemisphären, sind durch einen Balken von Millionen von Nervenfasern verbunden. Dieser Balken heißt Corpus Callosum.

Die beiden Gehirnhälften sind in hohem Maß spezialisiert. Sie sind für die Organisation sinnlicher Einwirkungen einschließlich ihrer Verarbeitung zuständig, welche uns präzise und bis ins kleinste Detail reichende Vorstellungen von Empfindungen geben.

Die für die Motorik und die Sinneswahrnehmungen zuständigen Nervenbahnen laufen fast vollständig überkreuz: Die rechte Gehirnhälfte steuert die Funktionen der linken Körperhälfte, die linke Gehirnhälfte jene der rechten Körperhälfte.

Im Großhirn liegen die Zentren, die zur Planung und Durchführung von Handlungen unseres Körpers notwendig sind. Innerhalb der Großhirnhemisphären befindet sich auch das limbische System, das unsere Gefühlsreaktionen lenkt.

Das Gehirnmodell der Kinesiologie

Die Kinesiologie verwendet ein sehr vereinfachtes Modell des Gehirns, um zu verdeutlichen, wie Lernen funktioniert oder eben nicht funktioniert.

Verbindung von linker und rechter Gehirnhälfte.
Störungen und Blockaden in der Zusammenarbeit zwischen rechts und links führen am häufigsten zu Lernstörungen.

Die Gehirnhälften steuern im Normalfall die gegenüberliegende Körperhälfte.
Bei den meisten Menschen ist die linke Gehirnhälfte verantwortlich für analytisches Denken, Sprache und Logik. Sie ordnet und sammelt Details, verarbeitet und gliedert sie.

Die rechte Gehirnhälfte dagegen arbeitet ganzheitlich. Sie ermöglicht uns einen Gesamteindruck der Dinge rundum. Hier haben unsere Kreativität, unsere Orientierung im Raum, bildliche Vorstellungen und Gefühle ihren Sitz.
In der Schule werden meist eher die Fähigkeiten der linken Gehirnhälfte angesprochen. Für viele Kinder wird Lernen auf diese Weise jedoch zum Problem. Ideal ist vielmehr die ausgeglichene Zusammenarbeit beider Gehirnhälften:
Wenn die linke Gehirnhälfte zum Beispiel etwas aufnimmt, braucht sie die Unterstützung der rechten, um sich darunter etwas vorzustellen.
Die rechte Gehirnhälfte dagegen konzentriert sich beim Vorlesen auf den Klang der Worte und braucht die linke, um die einzelnen Wörter auch zu verstehen.

Die gestörte Zusammenarbeit zwischen rechts und links äußert sich in der Unsicherheit der Unterscheidung von rechts und links, im Verwechseln von Buchstaben, in schlechtem Schriftbild, falschem Abschreiben, mangelnden Reaktionen auf Gehörtes.

Während der frühkindlichen Entwicklung bildet sich bei jedem von uns eine dominate Gehirnhälfte heraus. Das ist normal.

Um unsere Fähigkeiten voll ausschöpfen zu können, sollten wir in einem ausgeglichenen Maß immer auf die Fähigkeiten beider Gehirnhälften zurückgreifen können. Im Stress jedoch passiert es, dass eine Gehirnhälfte die uneingeschränkte Herrschaft übernimmt.

Verbindung von altem Erfahrungsschatz und neuen Erfahrungen.

Der hintere Teil unseres Gehirns ist der älteste. Hier sind unsere natürlichen Reflexe und in früher Jugend erlernte Handlungsweisen und Erfahrungen gespeichert.
Im vorderen Bereich unseres Gehirns dagegen werden die neuen Erfahrungen verarbeitet.
In Stresssituationen übernimmt der hintere Teil die Regie. Die Integration von Erfahrung und Neu-Erlerntem gerät ins Ungleichgewicht.

Ein Ungleichgewicht in diesem Bereich führt entweder zu übermäßiger Anspannung und Konzentration oder zu einem Zurückfallen in alte Verhaltensmuster.

Verbindung von Verstand und Gefühl, Kopf und Körper.

Nur wenn Kopf und Körper, oben und unten, im Einklang sind und Verstand und Gefühl an einem Strang ziehen, sind wir in einem inneren Gleichgewicht, können in uns ruhen und ausgeglichene Entscheidungen treffen.
Arbeitet unser Kopf nicht mit unserem Körper zusammen, weil wir beispielsweise zu sehr von unserem Gefühl bestimmt sind, geraten wir aus dem Gleichgewicht und sind nicht mehr voll leistungsfähig.

Was passiert bei Angst oder Stress ?

Stress bringt den Körper aus dem Gleichgewicht, mitunter so stark, dass er es nicht ohne weiteres wieder herstellen kann. Das kann bis zum Ausbruch von Krankheiten führen.
Wie bei einem aufgestauten Fluss wird der Energiestrom blockiert. Wie in einem Stromkreislauf, in dem eine Sicherung durchbrennt, wird der Kreislauf zwischen Gehirn und Körper unterbrochen.
Solche Blockaden können zu Abgespanntheit, Müdigkeit oder Konzentrationsschwierigkeiten führen.

Ausgewählte Übungen der Edu-Kinestetik

Armaktivierung:

Nutzen: Die Schulterpartie wird entspannt Die Sitzhaltung wird verbessert und man kann schöner schreiben.

Anleitung:

Streckt einen Arm in die Höhe. Reckt euch richtig und zieht euch aus der Hüfte nach oben, als wolltet ihr noch wachsen. Atmet ein. Beim Ausatmen drückt den Arm nach vorne, nach links, nach rechts und nach hinten. Helft mit dem zweiten Arm nach.
Dann wechselt den Arm.

Augentraining

Nutzen:

Die Augenmuskulatur wird entspannt und die Beweglichkeit der Augen gefördert.

Anleitung:

Lasst die Augen in alle Richtungen schweifen: oben - unten - rechts - links.

Beckenschaukel

Nutzen:

Diese Übung regt die Rückenmarksflüssigkeit an und aktiviert so das Gehirn. So wird die Merkfähigkeit gesteigert.

Anleitung:

Setzt euch mit angewinkelten Beinen auf den Boden. Mit dem Becken führt kreisförmige Bewegungen nach rechts und nach links aus.

Denkmütze

Nutzen:

Im Ohrenbereich liegen viele Akupunkturpunkte. Der Energiefluss zum Gehirn wird wieder angeregt und die Wahrnehmung der Ohren gestärkt.

Anleitung:

Legt die Hände an die Ohren. Dann rollt eure Ohren mit Daumen und Zeigefinger sanft von innen nach außen, als wolltet ihr sie auseinander rollen. Fangt oben bei den Ohrenspitzen an, bis ihr zu den Ohrläppchen kommt.

Erdknöpfe

Nutzen: Die Erdknöpfe sind der Anfangs- und der Endpunkt des Zentralmeridians, der den Energiefluss im Körper von unten nach oben leitet. Durch die Berührung oder leichte Massage wird die Aktivität gesteigert.

Anleitung:

Legt zwei Finger unter die Lippen, die andere Hand legt an euer Schambein oder an den Nabel, wenn euch das angenehmer ist. So bleibt etwa eine halbe Minute. Dann wechselt die Hände.

Gehirnknöpfe

Nutzen: Das sind die Endpunkte des Nierenmeridians. Wenn ihr sie massiert, könnt ihr die Verbindung zwischen beiden Gehirnhälften anregen.

Anleitung:

Ihr nehmt Daumen und Zeigefinger einer Hand und sucht die zwei Mulden rechts und links unterhalb des Schlüsselbeins. Diese Punkte reibt jetzt ganz sanft.
Die andere Hand legt auf euren Nabel.

Gleichgewichtspunkte

Nutzen:

Wenn man einen Druck im Kopf spürt, kann man sich nicht mehr konzentrieren. Durch Halten dieser Punkte werden das Gleichgewichtsgefühl und die Konzentration gesteigert.

Anleitung:

Nehmt zwei Finger und legt sie an die kleine Vertiefung hinter eurem Ohr. Die andere Hand legt auf euren Nabel.

Liegende Achten

Nutzen:

Diese Übung stärkt die Augenmuskulatur und erweitert den Sehbereich. So verbindet ihr euer rechtes und euer linkes Gesichtsfeld.

Anleitung: Malt eine liegende Acht auf ein Blatt Papier oder den Boden und folgt der Schleife mit dem Finger.

Energiesitz

Nutzen:

Diese Übung hat eine verbindende Wirkung auf

die beiden Gehirnhälften. Sie fördert die innere Ruhe und die Konzentration.

Anleitung:

Phase 1:

Setzt euch auf einen Stuhl und legt das linke über das rechte Bein. Haltet den linken Knöchel mit der rechten Hand. Mit der linken Hand haltet den Ballen des linken Fußes.
Und jetzt seht : Euer Körper bildet eine liegende Acht.

Phase 2:

Dann stellt die Füße wieder nebeneinander. Und jetzt stellt euch vor, eure linke Gehirnhälfte liege in eurer linken Hand und eure rechte in der rechten Hand ...

Raumknöpfe

Nutzen:

Diese Übung regt die Verbindung in eurem Körper zwischen vorne und hinten an. Die Wahrnehmung und das Raumgefühl werden verbessert, Nahes und Fernes besser wahrgenommen. Das hilft zum Beispiel beim Lesen von der Tafel.

Anleitung:

Legt zwei Finger einer Hand an die Oberlippe. Die andere Hand legt an euer Steißbein, dort wo die Pobacken beginnen.Lasst den Blick zwischen nah und fern hin- und herschweifen.

Schwerkraftgleiter

Nutzen:

Nach langem Sitzen ist man oft verspannt. Diese Übung dient der Entspannung und fördert eurer Gleichgewichtsgefühl.

Anleitung:

Stellt euch hin. Kreuzt die Füße übereinander. Lasst dabei die Knie ganz locker und sucht euch einen sicheren Stand. Beugt den Oberkörper nach vorne und lasst die Arme locker nach unten hängen. Dann pendelt mit dem Oberkörper und den Armen hin und her, nach oben und unten, von rechts nach links.Atmet nach unten aus und richtet euch beim Einatmen wieder auf.

Überkreuzbewegungen im Sitzen

Nutzen:

Diese Übung stärkt die Bauchmuskulatur. Sie fördert das Gleichgewicht der Augen, Ohren und beider Gehirnhälften und macht uns aufnahmefähiger.

Anleitung:

Setzt oder legt euch hin. Berührt mit dem rechten Ellenbogen das linke Knie und umgekehrt.

Überkreuzbewegungen im Stehen

Nutzen:

Überkreuzbewegungen regen beide Gehirnhälften gleichzeitig an.

Anleitung:

Bewegt gleichzeitig den Arm und das gegenüberliegende Bein und berührt dabei das gegenüberliegende Knie mit dem Ellenbogen.

Wadenpumpe

Nutzen:

Mit dieser Dehnungsübung entspannt ihr die Wadenmuskeln und verbessert eure sprachlichen Fähigkeiten und eure Wahrnehmung.

Anleitung:
Stützt euch an einen Baum. Geht in Schrittstellung und verlagert das Gewicht auf das vordere Bein. Atmet gleichmäßig. Beim Ausatmen drückt die Ferse in Richtung Boden.

Lösungen:

Station 1:
Hochstand

Station 2:
4

Station 3:
Gerade Zahl:
Es geht nach rechts weiter.
Gelb 22
Grün 12
Blau 20

Station 4: Erholung

Station 5:
Zahlen: 2, 3, 5, 7, 12, 20
Lösung: 15
Gelb 3 + 5 + 7 = 15
Grün 3 x 5 = 15
Blau 3 x 7 = 21, 2 x 3 = 6, 21 - 6 = 15

Station 6:
Gelb 33, 45, 75, 79, 85, 29, 67, 59
Grün 275, 178, 19, 94, 43, 84, 396, 72
Blau 305, 21, 126, 8, 20, 342, 43, 50,
= B R U N N E N

Station 7:
Lösungen:
Gelb, Grün, Blau 2, 1, 21, 13, 8, 1, 21, 19 =
B A U M H A U S

Station 8:
Lösungen der drei Buchstabenpuzzles:

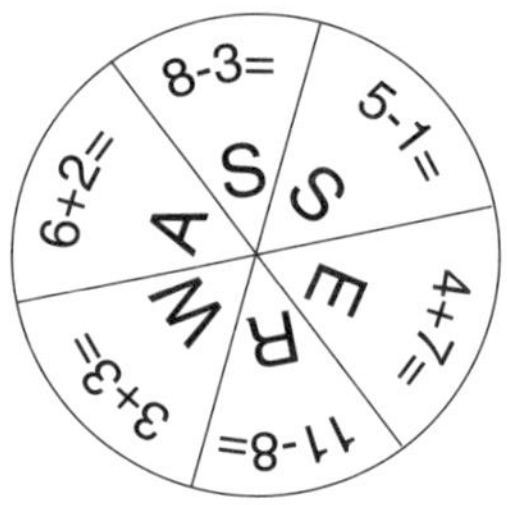